**Alexis Gnogbo Bahi**
**Abou Bamba**

# Metabolismo do ferro e estado dos micronutrientes na TB-MDR pulmonar

**Alexis Gnogbo Bahi**
**Abou Bamba**

# Metabolismo do ferro e estado dos micronutrientes na TB-MDR pulmonar

**ScienciaScripts**

**Imprint**

Any brand names and product names mentioned in this book are subject to trademark, brand or patent protection and are trademarks or registered trademarks of their respective holders. The use of brand names, product names, common names, trade names, product descriptions etc. even without a particular marking in this work is in no way to be construed to mean that such names may be regarded as unrestricted in respect of trademark and brand protection legislation and could thus be used by anyone.

Cover image: www.ingimage.com

This book is a translation from the original published under ISBN 978-620-2-31869-3.

Publisher:
Sciencia Scripts
is a trademark of
Dodo Books Indian Ocean Ltd. and OmniScriptum S.R.L publishing group

120 High Road, East Finchley, London, N2 9ED, United Kingdom
Str. Armeneasca 28/1, office 1, Chisinau MD-2012, Republic of Moldova, Europe
Printed at: see last page
**ISBN: 978-620-8-10452-8**

# Conteúdo

# Resumo

O tratamento médico da tuberculose multirresistente (TB-MDR) tornou-se um importante problema de saúde pública. O surto desta forma de tuberculose deve-se em parte à anemia observada em doentes com tuberculose multirresistente. A fim de melhorar o tratamento médico destes doentes, é necessário definir as caraterísticas desta anemia. O principal objetivo deste estudo foi investigar os parâmetros bioquímicos e hematológicos relacionados com a anemia observada em doentes com Tuberculose Resistente a Múltiplos Medicamentos (TB-MDR). Assim, foram selecionados 100 doentes (MDR-TB) e 100 doentes não tuberculosos, tantos mulheres como homens, com idades compreendidas entre os 18 e os 55 anos. Os marcadores hematológicos foram analisados com o aparelho Sysmex Kobe automate, Japão, enquanto os parâmetros bioquímicos, como a ferritina e a transferrina, foram realizados com o Cobas C311 da Roche Diagnostic, França, e, quanto ao ferro sérico, foi utilizado um espetrómetro de absorção atómica (AAS) do tipo Varian Spectr AA-20 Victoria®, Austrália.

Os resultados mostraram que 32% das mulheres e 18% dos homens tinham anemia mista (deficiência de ferro e inflamatória), enquanto os restantes 68% das mulheres e 82% dos homens tinham anemia inflamatória.

**Palavras-chave:** Abidjan; Anemia; MDR-TB; Micronutrientes

# Abreviaturas

MCV :        Mean Cell Volume

MCHC:        Mean Corpuscular Hemoglobin Concentration RMCH: Rates of Mean

Corpuscular Hemoglobin

TBC  :        Total Iron Binding Capacity

TSC   :        Transferrin Saturation Coefficient

# CAPÍTULO 1

## Introdução

A tuberculose multirresistente (TB-MDR) é uma doença causada pelo *Mycobacterium tuberculosis* que é, pelo menos, resistente a dois dos principais medicamentos contra a tuberculose utilizados na terapêutica de primeira linha, como a isoniazida e a rifampicina [1]. O surto deste tipo de tuberculose é uma ameaça real contra todos os esforços feitos recentemente para controlar e erradicar a tuberculose [2]. De acordo com a Organização Mundial de Saúde (OMS), 480 000 pessoas contraíram tuberculose multirresistente (TB-MDR) e registaram-se 190 000 mortes em todo o mundo [3]. A taxa de prevalência em África e na Costa do Marfim é, respetivamente, de 14% [4] e 2,5% [5]. A gestão médica desta forma de tuberculose não é fácil devido às elevadas taxas de insucesso terapêutico que levam à seleção de bacilos micobacterianos com nova resistência aos medicamentos anti-tuberculose de segunda geração. Estes insucessos terapêuticos representam uma ameaça para os Objectivos de Desenvolvimento Sustentável (ODM), que visam erradicar todos os tipos de TB em 2030 [6]. De acordo com o relatório da OMS [3], a taxa de insucesso do tratamento na coorte de casos de TB-MDR detectados em 2010 foi superior a 50 % e cerca de 9,6 % destes casos de TB-MDR evoluíram para uma forma de tuberculose ultra-resistente (UDRTB) em 2012. Uma das principais constatações geralmente trazidas pelos estudos efectuados sobre a tuberculose e, em particular, sobre a TB-MDR é a anemia [7, 8]. A anemia é multifatorial: pode ser de origem infecciosa ou devida a uma deficiência micro-nutricional. Assim, um tratamento eficaz desta forma de tuberculose exige que se especifiquem as origens da anemia. O objetivo deste estudo foi investigar os parâmetros bioquímicos e hematológicos relacionados com a anemia observada em pessoas com tuberculose multirresistente (TB-MDR).

Este estudo consistiu em:

• Avaliação do perfil hematológico e bioquímico da tuberculose multirresistente (TB-MDR) antes e durante o tratamento de segunda linha da TB.

• Determinar as principais formas de anemia registadas nos doentes com TB-MDR de acordo com esses dados hematológicos e bioquímicos.

## Materiais e métodos

Este estudo foi efectuado no Instituto Pasteur da Costa do Marfim (IPCI). Envolveu amostras de sangue de doentes com TB-MDR. Estas amostras foram recolhidas em cinco Centros Anti-Tuberculose (ATC) de Abidjan de janeiro de 2014 a dezembro de 2015. Foram selecionados para este estudo cem (100) doentes com tuberculose multirresistente (MDR-TB), tanto homens como mulheres, e cem (100) voluntários não tuberculosos utilizados como controlo, 50 homens e 50 mulheres. A idade dos doentes e dos controlos variava entre os 18 e os 55 anos. As amostras de sangue foram recolhidas em diferentes fases do acompanhamento dos doentes:

• A fase $M_0$ envolveu uma avaliação inicial após o teste GenXpert® MTB / RIF

teste para confirmar a multirresistência antes de iniciar qualquer tratamento [9].

•        Fases M3 e M6 para a avaliação de acompanhamento aos 3 e 6 meses, respetivamente, para o tratamento anti-tuberculose de segunda linha.

Foram colhidas duas amostras de TB-MDR em cada fase de acompanhamento ($M_0$, $M_3$ e $M_6$) e duas (2) amostras de cada doente de controlo sem tuberculose num tubo sem anticoagulante (tubo com tampa vermelha) e num tubo com EDTA (ácido etilenodiamino tetra-acético), tendo sido colhidos 5 ml de sangue em cada tubo. Foram selecionadas para este estudo 600 amostras de TB-MDR (300 tubos sem anticoagulante e 300 tubos com EDTA) e 200 amostras como controlo (100 tubos sem anticoagulante e 100 tubos com EDTA). As amostras de tubos sem anticoagulante foram depois centrifugadas a 3000 rpm durante 5 minutos utilizando uma centrifugadora horizon 642 VES, THE DRUCKER CO, EUA. O soro foi então recolhido para análise dos marcadores bioquímicos. Quanto ao tubo com EDTA, foi utilizado para a determinação dos marcadores hematológicos do metabolismo do ferro.

Os marcadores hematológicos, como a hemoglobina, o volume celular médio e a taxa de hemoglobina corpuscular média, foram medidos com o Sysmex XN-1000i Kobe Japan [10]. A análise do ferro no soro foi efectuada por espetrómetro de absorção atómica (SAA) do tipo Varian Spectr AA-Victoria®, Austrália [11]. Quanto à ferritina e à transferrina, foram efectuados ensaios diferentes com o Cobas C311 da Roche Diagnostic, França [12, 13].

# Resultados

Os resultados deste estudo mostraram uma diminuição significativa dos marcadores hemáticos do metabolismo do ferro no início da experiência, em comparação com os grupos de controlo sem tuberculose P <0,05. Durante o tratamento anti-tuberculose, apenas a taxa de hemoglobina (Hb) permaneceu significativamente mais baixa em comparação com os grupos de controlo sem tuberculose P <0,05.

Por outro lado, este nível de hemoglobina aumentou significativamente durante o tratamento antituberculose em relação à análise inicial (M0) P <0,05. No entanto, é de salientar que, à exceção do nível de hemoglobina e da capacidade total de ligação do ferro (TBC) que apresentaram um aumento significativo durante o tratamento P <0,05, os restantes marcadores hematológicos não sofreram qualquer alteração significativa (Figuras 1-4).

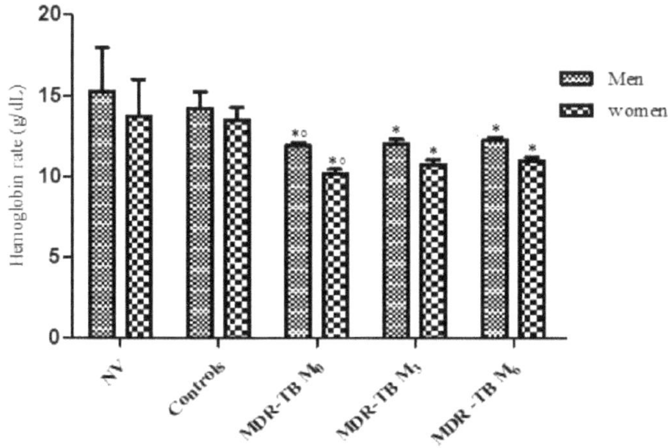

**Figura 1:** Taxa de hemoglobina da TB-MDR e dos controlos.

Taxa de hemoglobina para doentes com TB-MDR e grupos de controlo sem
tuberculose.

M0: avaliação inicial.

M3, M6: avaliação de acompanhamento aos 3 e 6 meses de tratamento. NV: valores
normais.

* Diferença significativa entre os grupos de controlo MDR-TB e não tuberculoso P
< 0,05.

°: Diferença significativa entre as várias fases do acompanhamento, P < 0,05.

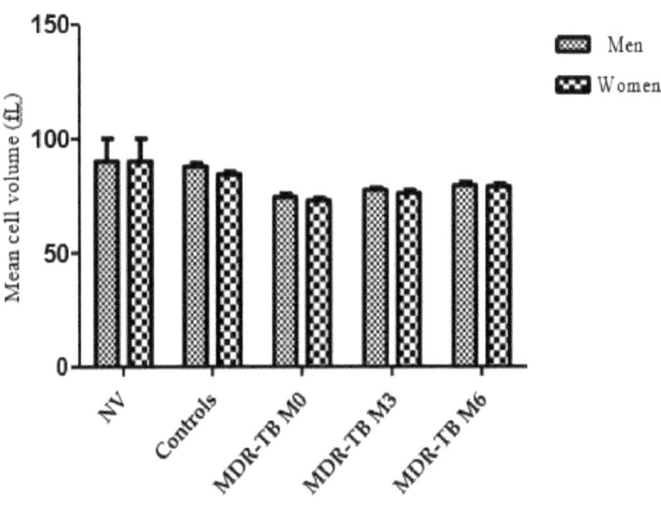


**Figura 3:** Concentração média de hemoglobina corpuscular.

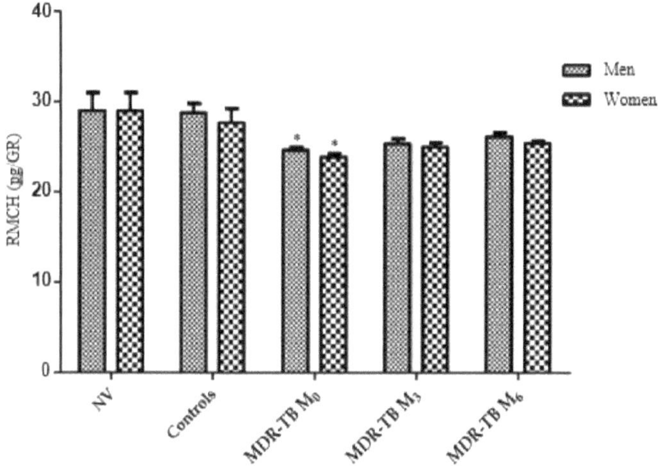



**Figura 4:** Taxa de hemoglobina corpuscular média na TB-MDR e nos controlos.

**Legenda:** Taxas de hemoglobina corpuscular média (HCM) para os grupos de controlo de tuberculose multirresistente (TB-MDR) e de não tuberculose. M0: avaliação inicial. M3, M6: avaliação de acompanhamento aos 3 e 6 meses de tratamento. NV: valores normais.

* Diferença significativa entre os grupos de controlo MDR-TB e não tuberculoso P < 0,05.

Este estudo também demonstrou uma diminuição significativa das concentrações de ferro sérico e da capacidade total de ligação do ferro (TBC) em doentes com tuberculose multirresistente, independentemente da fase de seguimento dos doentes em comparação com os controlos (P < 0,0001) (Figuras 5 e 6). Em contraste com o ferro sérico que não sofreu qualquer alteração significativa, a TBC aumentou significativamente durante o tratamento anti-TB em comparação com a linha de base (P < 0,0001) (Figura 6).

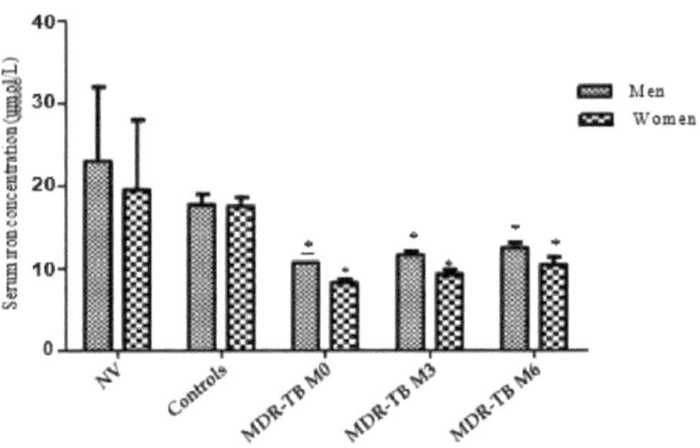


**Figura 5:** Concentração de ferro sérico para TB-MDR e controlos.

**Legenda:** Concentração de ferro sérico para os grupos de controlo da tuberculose multirresistente (TB-MDR) e da não-tuberculose. M0: avaliação inicial. M3, M6: avaliação de acompanhamento aos 3 e 6 meses de tratamento. NV: valores normais.

* Diferença significativa entre os grupos de controlo MDR-TB e não tuberculoso P < 0,05.

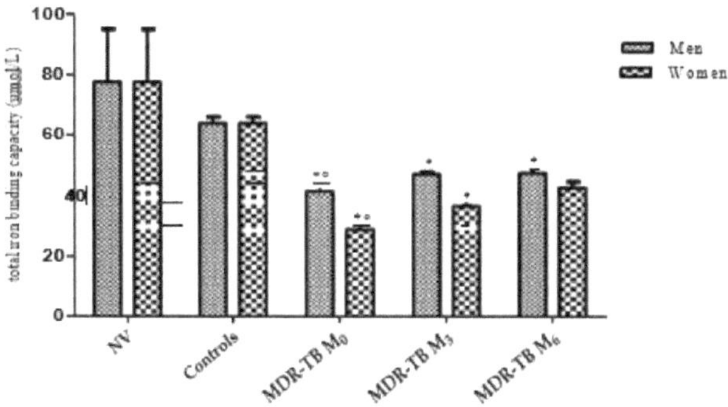


**Figura 6:** Capacidade total de ligação do ferro (TBC) para TB-MDR e controlos.

**Legenda:** Capacidade total de ligação do ferro (TBC): Taxa de ferro ligado quando a transferrina está saturada a 100%. MDR-TB: tuberculose multirresistente. M0: avaliação inicial. M3, M6: avaliação de acompanhamento aos 3 e 6 meses de tratamento. NV: valores normais.

*: diferença significativa entre os grupos de controlo com TB-MDR e sem tuberculose, P < 0,0001.

°: diferença significativa entre a avaliação inicial e a avaliação de acompanhamento da TB-MDR, P < 0,0001.

É de salientar que, apesar do aumento das concentrações de ferro e dos valores de TBC durante o tratamento, as percentagens de redução destes marcadores permaneceram elevadas após seis meses de tratamento (M6) (Figuras 7 e 8).

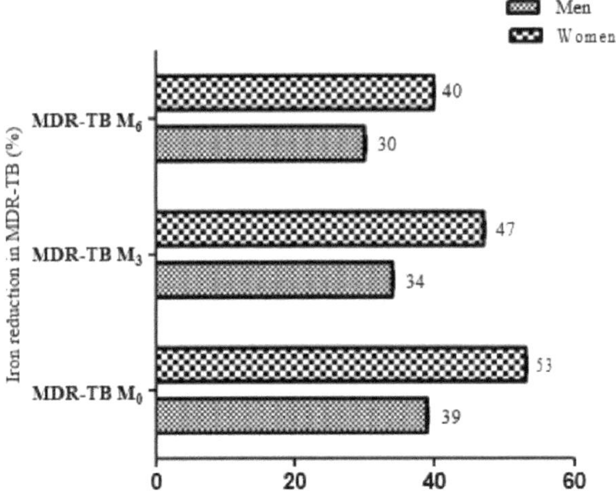


**Figura 7:** Percentagem de redução do ferro na TB-MDR.

**Legenda:** Percentagem de redução do ferro na TB-MDR nas diferentes fases de acompanhamento

em comparação com o grupo de controlo sem tuberculose.

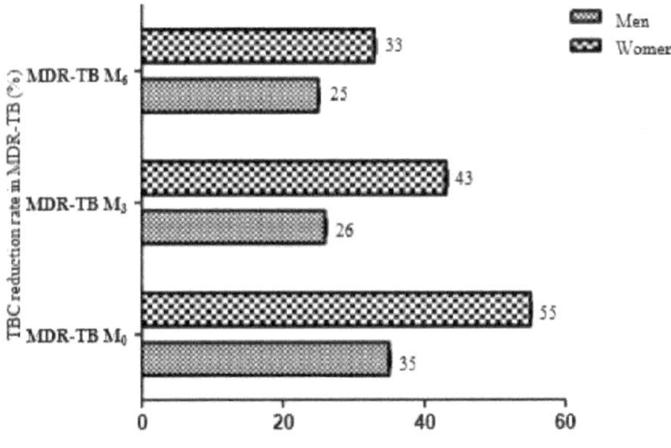


**Figura 8:** Percentagem de redução do TBC.

**Legenda:** Capacidade total de ligação do ferro (TBC) na TB-MDR nas diferentes

fases de acompanhamento em comparação com o grupo de controlo sem tuberculose.

No que diz respeito à ferritina sérica e ao Coeficiente de Saturação da Transferrina

(CST), 16 mulheres em 50, ou 32% das mulheres, e 9 homens em 50, ou 18% dos

homens, tinham uma concentração de ferritina sérica e um CST significativamente

mais baixos em comparação com os controlos e os valores habituais (P < 0,05)

(Tabelas 1, 2). Os restantes 68% das mulheres e 82% dos homens apresentavam

ferritinemia e TSC dentro dos valores normais (Tabelas 1, 2).

**Tabela 1:** Valores das concentrações de ferritina sérica na TB-MRD e nos controlos.

| | MDR-TB with low ferritin ($\mu$g/L) | | MDR-TB with normal ferritin ($\mu$g/L) | | Non tuberculosis control group ($\mu$g/L) | |
|---|---|---|---|---|---|---|
| | Men (9) or (18%) | Women (16) or (32%) | Men (41) or (82%) | Women (34) or (68%) | Men (50) or (100%) | Women (50) or (100%) |
| M0 | 14,9 ± 7,3* | 12,2 ± 5,7* | 211,6 ± 21,5 | 166,5 ± 10,0 | | |
| M3 | 18,7 ± 5,5* | 14,9 ± 4,3* | 151,3 ± 11,9 | 163,4 ± 11,6 | 164,4 ± 18,2 | 96,6 ± 13,1 |
| M6 | 21,6 ± 6,4* | 17,5 ± 3,2* | 154,6 ± 9,8 | 117,6 ± 11,6 | | |

Concentração de ferritina na tuberculose multirresistente (TBMR) na avaliação

inicial (M0) e na avaliação de acompanhamento aos 3 e 6 meses de tratamento (M3 e

M6) com os dos grupos de controlo de voluntários não tuberculosos.

*: Diferença significativa, P < 0,05.

**Tabela 2:** Valores do Coeficiente de Saturação da Transferrina (CST) na TB-MDR e nos controlos.

| | MDR-TB with low TSC (%) | | MDR-TB with normal TSC (%) | | Non tuberculosis control group (%) | |
|---|---|---|---|---|---|---|
| | Men (9) or (18%) | Women (16) or (32%) | Men (41) or (82%) | Women (34) or (68%) | Men (50) or (100%) | Women (50) or (100%) |
| M 0 | $10,9 \pm 3,1$* | $09,4 \pm 2,1$* | $21,9 \pm 1,4$ | $27,3 \pm 1,7$ | | |
| M 3 | $11,7 \pm 2,1$* | $11,1 \pm 1,3$* | $22,7 \pm 1,1$ | $23,8 \pm 1,4$ | $28,6 \pm 2,3$ | $26,9 \pm 1,8$ |
| M6 | $12,3 \pm 2,3$* | $12,3 \pm 1,2$* | $23,8 \pm 1,3$ | $22,6 \pm 2,2$ | | |

**Legenda:** Coeficiente de saturação da transferrina (TSC): percentagem de ligação do ferro à transferrina. MDR-TB: tuberculose multirresistente. M0: avaliação inicial. M3, M6: avaliação de acompanhamento aos 3 e 6 meses de tratamento. *: Diferença significativa, $P < 0,05$. Concentrações de ferritina sérica e Coeficiente de Saturação da Transferrina (TSC).

## Discussão

Este estudo demonstrou uma diminuição significativa dos marcadores hematológicos, como a hemoglobina (Hb), o volume celular médio (VCM) e as concentrações celulares e de hemoglobina médias (CHCM e CHCM) nos doentes com tuberculose multirresistente (TB-MDR), em comparação com os grupos de controlo sem tuberculose. Estes resultados definem o carácter microcítico e hipocrómico da anemia encontrada nestes doentes com TB-MDR. Vários autores relataram anemia em doentes com tuberculose em tratamento, embora estes estudos não sejam precisos quanto ao tipo de anemia [8]. Estes resultados podem indicar uma falta de fornecimento de ferro para o processo eritropoiético.

Além disso, a análise dos parâmetros bioquímicos deste estudo mostrou uma diminuição significativa das concentrações séricas de ferro e da capacidade total de ligação do ferro (TBC) na tuberculose multirresistente (MDR-TB) em comparação com o grupo de controlo sem tuberculose e com os valores normais. As concentrações séricas de ferritina e o Coeficiente de Saturação da Transferrina (TSC) diminuíram significativamente em 32% das mulheres com TB-MDR e em 18% dos homens com TB-MDR, enquanto se mantiveram dentro dos valores normais nos restantes doentes. Estes resultados são caraterísticos de uma anemia inflamatória ou de uma anemia de doenças crónicas, por um lado (ferritina e TSC normal), e de uma anemia mista (deficiência de ferro e anemia inflamatória), por outro (ferritina e TSC baixa), tal como referido por vários estudos [14, 15]. De facto, os valores normais de ferritina que representam o pool de reserva reflectem uma ausência de deficiência de ferro, enquanto os valores baixos de TBC, que é o pool de ferro funcional, podem caraterizar um défice funcional de ferro disponível [16]. Estes resultados estão de acordo com os de Lovey et al. [17] que demonstraram que níveis de ferritina acima de 100 tig / L excluem a hipótese de deficiência de ferro e que o coeficiente de saturação da transferrina só diminui quando as reservas de ferro estão completamente esgotadas. Por outro lado, as baixas concentrações de ferro sérico e a diminuição da capacidade total de ligação do ferro (TBC) podem ser explicadas por uma elevada retenção de ferro nos macrófagos e uma diminuição do fornecimento de ferro à eritropoiese durante a inflamação crónica induzida pela infeção micobacteriana [18].

Os mecanismos que levam ao aparecimento deste tipo de anemia envolvem a produção de várias citocinas, incluindo o interferão-y, o TNF-a e as interleucinas 1 e 10, que podem levar ao sequestro de ferro resultante da degradação dos glóbulos vermelhos pelos macrófagos e à repressão da síntese de eritropoietina. Este processo pode ser amplificado por uma síntese excessiva de hepcidina. Uma proteína pró-inflamatória produzida principalmente pelo hepatócito e excretada na corrente sanguínea. Esta proteína interage com a ferroportina, que é o exportador de ferro presente nos enterócitos e nos macrófagos, provocando a degradação destes últimos. Isto leva a uma diminuição da absorção intestinal de ferro e à retenção de ferro nos macrófagos e hepatócitos, as duas principais vias de fornecimento de ferro ao organismo [14]. Este conjunto de mecanismos conduziria a uma diminuição da concentração de ferro sérico e da capacidade de ligação do ferro à transferrina [16]. Esta dificuldade de mobilização do ferro das reservas pode levar a uma diminuição da síntese de hemoglobina, daí o carácter hipocrómico da anemia (baixa concentração de hemoglobina).

Simultaneamente, há um aumento reativo do número de mitoses que resulta numa produção de glóbulos vermelhos pequenos, o que se reflecte no carácter microcítico da anemia (VCM baixo). Além disso, a diminuição da capacidade total de ligação do ferro (TBC) deve-se a uma diminuição dos níveis plasmáticos de transferrina.

De facto, durante a inflamação, a redução do nível desta proteína de transporte de ferro plasmático está ligada ao seu hiper catabolismo na zona inflamatória e, por outro lado, à redução da sua síntese devido às reservas de ferro total, como demonstrado pelas concentrações normais de ferritina sérica [17]. A anemia mista (anemia por deficiência de ferro e anemia inflamatória) poderia ser explicada por uma ingestão insuficiente de ferro, para além do processo inflamatório.

No entanto, o ligeiro aumento das concentrações de ferro sérico durante a terapêutica de segunda linha na TB-MDR não estava de acordo com o estudo de Edem et al. [19], que mostrou uma diminuição progressiva das concentrações de ferro em doentes com tuberculose durante o tratamento de primeira linha. Esta observação deve-se ao facto de as moléculas anti-tuberculose de segunda linha não terem ação hemolítica na TBMDR em comparação com os medicamentos anti-tuberculose de primeira geração, como a rifampicina [20]. Além disso, apesar do aumento significativo das concentrações de ferro e dos valores de TBC durante o tratamento, as percentagens de redução destes marcadores permaneceram elevadas após seis meses de tratamento (M6). Isto pode sugerir uma inação das moléculas anti-tuberculose de segunda geração sobre o processo inflamatório causado pelo bacilo *Mycobacterium tuberculosis*.

## Conclusão

O tratamento da tuberculose multirresistente tornou-se um importante problema de saúde pública. O surto desta forma de tuberculose deve-se em parte à anemia observada nas pessoas com TB-MDR. A fim de melhorar o tratamento médico destes doentes, é importante definir a origem desta anemia observada nestes doentes. Assim, o nosso estudo sobre o perfil dos marcadores hematológicos e bioquímicos do metabolismo do ferro permitiu especificar as caraterísticas inflamatórias e mistas da anemia observada nestes tuberculosos multirresistentes (TB-MDR). A persistência destes distúrbios metabólicos após seis meses da fase intensiva do tratamento anti-tuberculose de segunda linha preconiza medidas aditivas como o controlo eficaz da inflamação em paralelo com o tratamento anti-tuberculose

tratamento.

## Declarações

- **Aprovação ética e consentimento de participação**

Este estudo foi aprovado pelo Comité Nacional de Ética e Investigação da Costa do Marfim (NCER). A aprovação e o consentimento informado foram obtidos dos doentes com TB-MDR e dos participantes no controlo para a utilização do seu sangue para fins de investigação.

- **Concentração para publicação**

Este limite foi igualmente concedido para a publicação dos resultados obtidos.

- **Agradecimentos**

Queremos agradecer ao programa nacional de tuberculose por nos ter permitido estar em contacto com os doentes com TB-MDR e até falar com eles no Instituto Pasteur da Costa do Marfim. Agradecemos a todos os participantes e voluntários saudáveis que consentiram em participar neste estudo. Não esquecemos de agradecer à diretora do Instituto Pasteur da Costa do Marfim, Prof. DOSSO Mireille, que nos forneceu a máquina de Espectrometria de Absorção Atómica e deu o seu apoio ao projeto. Agradecemos também a ATTEMENE Serge David, PhD, pela sua ajuda na versão inglesa do presente manuscrito.

# Referências


1.   Organização Mundial de Saúde (OMS) (2008). Diretrizes para a gestão programática da tuberculose resistente aos medicamentos. WHO/HTM/TB/2008.402 Geneve, Suisse. 276.

2.   Edem VF, Ige O, Arinola OG (2016) Vitaminas plasmáticas e oligoelementos essenciais em doentes com tuberculose multirresistente antes e durante a quimioterapia. Egito J Chest Dis Tuberculosis 65: 441-445.

3.   Organização Mundial da Saúde (OMS) (2015). Relatório mundial sobre a tuberculose. Genebra, Suíça 20ª ed. 192.

4.   Schaaf HS, Moll AP, Dheda K (2009) Multidrug and extensively drug-resistant tuberculosis in Africa and South America: epidemiology, diagnosis and management in adults and children. Clin Cheste Med 30: 667-683.

5.   Anonyme (2012) Programme National de Lutte Contre la Tuberculose (PNLT), Plan strategique national 2012 - 2015 de lutte contre la Tuberculose 65.

6.   Organização das Nações Unidas (ONU) (2015) Projet de document final du Sommet des Nations Unies consacre a l'adoption du programme de developpement pour l'apres 2015. Soixante-neuvieme session. Nova Iorque, Estados Unidos 41.

7.   Gupta KB, Gupta R, Atreja A, Verma M, Vishvkarma S (2009) Tuberculosis and nutrition. Lung Ind 26: 9-16.

8.   Tritar F, Kahloul O, Abouda M, Dridi A, Belhaoui N, et al. (2005) Troubles hematologiques observes au cours de la tuberculose active. Rev. Mal. Respir 22: 20.

9.	Organização Mundial de Saúde (OMS) (2011) Declaração de política: Automatização em tempo real

tecnologia de amplificação de ácidos nucleicos para a deteção rápida e simultânea de

tuberculose e resistência à rifampicina: Sistema Xpert MTB/RIF.

10. Ormerod MG, Sun XM, Snowden RT, Davies R, Fearnhead H, et al. (1993) Aumento da permeabilidade da membrana dos timócitos apoptóticos: A flow cytometic study. Cytometry 14: 595- 602.

11. Pinta M (1980) Spectrometry d'absorption atomique. Application a l'analyse chimique. $2^{nd}$ Edition Masson. Paris, França 696.

12.	Heidelberger M, Kendall FE (1935) A quantitative theory of the precipitin reaction. J Exp Med 62: 697-720.

13. Dubois S, McGovern M, Ehrhardt V (1988) Eisenstoffwechsel-Diagnostik mit Boehringer Mannheim/Hitachi-Analysen systemen: Ferritina, transferrina e Eisen. GIT Labor-Medizin 9: 468-471.

14. Celi J, Samii K, Perrier A, Remi JL (2011) Anemia por deficiência de ferro, inflamatória ou mista: como orientar o diagnóstico? Rev Med Suisse 7: 2018-2023.

15. Gavazzi G (2014) Iron metabolism: pathophysiology and biomarkersin elderly population. Geriatr Psychol Neuropsychiatr Vieil 2: 5-10.

16. Marioa N (2012) Marcadores biológicos para o diagnóstico das perturbações do metabolismo do ferro. Revista Francófona de Laboratórios 442: 39-48.

17. Lovey P-Y, Stalder M, Zenhausern R, Donze N (2010) Parametres biochimiques du metabolisme du fer. Caduceus Exp. 12. N° 11.

18. Beaumont C, Karim Z (2013) Atualidade do metabolismo do ferro. Rev Med Internal 34: 17-25

19. Edem VF, Ige O, Arinola OG (2015) Vitaminas plasmáticas e oligoelementos essenciais em doentes com tuberculose pulmonar recentemente diagnosticada e em diferentes períodos de quimioterapia anti-tuberculose. Egito J Chest Dis Tuberculosis 64: 675-679.

20. Aouam K, Chaabane A, Loussaief C, Romdhane FB, Boughattas NA, et al. (2007) Adverse effects of antitubercular drugs: epidemiology, mechanisms, and patient management. Medecine et Maladies Infectieuses 37: 253-261.

# CAPÍTULO 2

## Resumo

Antecedentes: Na Costa do Marfim, a tuberculose multirresistente (MDR-TB) é um grave problema de saúde pública, com uma prevalência estimada em 2,5% em 2006. O zinco e o cobre são oligoelementos essenciais necessários para reforçar o sistema imunitário e também úteis na luta contra a tuberculose. A relação Cu / Zn é um bom indicador do stress oxidativo.

O principal objetivo deste estudo foi avaliar a concentração sérica de alguns oligoelementos e determinar o rácio Cu / Zn em doentes com tuberculose pulmonar multirresistente (TB-MDR) antes e depois do tratamento de segunda linha da TB.

**Métodos**: Foram obtidas amostras de sangue de 100 doentes com TB-MDR após confirmação do seu *estado* através do diagnóstico microscópico e molecular da resistência à isoniazida e à rifampicina por GeneXpert. O nível de concentração de zinco e cobre foi determinado utilizando um espetrómetro de absorção atómica (AAS) de chama de ar/acetileno do tipo Varian Spectr AA-20 Victoria,

Austrália.

**Resultados**: Foi observada uma diminuição significativa dos níveis de zinco ($P <$ 0,05) e um aumento da relação Cu / Zn ($P <$ 0,05) nos doentes com TB-MDR em comparação com os controlos sem TB. Durante o tratamento foi observada uma redução significativa no rácio Cu / Zn ($P <$ 0,05) em comparação com o resultado inicial.Conclusões: A diminuição do nível sérico de zinco e a elevada relação Cu / Zn poderiam explicar a disfunção do sistema imunitário e o elevado nível de stress

oxidativo em doentes com TB-MDR. Por conseguinte, a avaliação do estado do zinco

e do cobre pode representar parâmetros essenciais na monitorização do tratamento de

segunda linha da TB para uma melhor gestão do tratamento.

Palavras-chave: Abidjan, oligoelementos, rácio Cu/Zn, MDR-TB, medicamentos anti-

TB de segunda linha.

* Correspondência: Souley_ci@yahoo.fr

[1]Departamento de Bioquímica Clínica e Fundamental, Instituto Pasteur de Cote

d'Ivoire (IPCI), 01 BP 490, Abidjan 01, Cote d'Ivoire

A lista completa de informações sobre os autores está disponível no final do artigo



## Antecedentes

A luta contra a tuberculose multirresistente (TB-MDR) é um grande desafio. Em 2014,

a Organização Mundial de Saúde (OMS) estimou em 480 000 o número de pessoas que

contraíram TB-MDR e em cerca de 190 000 as mortes atribuídas a esta forma de TB

[1]. O relatório da OMS revelou um aumento líquido global de casos de TB-MDR de

42% em 2012, 3,6% dos novos casos de TB e 20,6% dos casos previamente tratados são de TB-MDR [1]. De acordo com o relatório, menos de 50% dos doentes com TB-MDR detectados em 2010 foram tratados com êxito. Estes números reflectem a elevada taxa de mortalidade associada a esta forma de TB.

Na Costa do Marfim, o programa nacional de controlo da tuberculose (NTBC) informou que a recente crise sociopolítica na Costa do Marfim favoreceu o aparecimento da forma de tuberculose pulmonar multirresistente, cuja prevalência está estimada em 2,5% em 2006 [2]. O aparecimento desta doença e a sua propagação devem-se à subnutrição e à deterioração do sistema imunitário [3, 4]. Outros estudos referiram que alguns medicamentos para a TB podem afetar o perfil nutricional do doente com TB que recebe tratamento [5, 6].

A existência de uma relação estreita entre os micronutrientes e a modificação do sistema imunitário foi demonstrada em muitos estudos, na Indonésia [7] e na Etiópia [8]. Entre estes micronutrientes, o zinco e o cobre desempenham um papel importante na proliferação e diferenciação das células da imunidade inata e adquirida [9]. Além disso, a relação Cu / Zn é um indicador para avaliar o nível de stress oxidativo no caso de doenças infecciosas em geral [10, 11]. Estes dois micronutrientes desempenham um papel essencial na resistência a certas doenças infecciosas como a tuberculose [12]. No entanto, poucos estudos foram efectuados sobre o estado dos micronutrientes em doentes com TB-MDR.

O objetivo do nosso estudo é avaliar os níveis séricos de cobre e zinco e determinar o rácio Cu / Zn em doentes com TB-MDR antes do tratamento, após 3 meses de tratamento e após 6 meses de tratamento de segunda linha da TB, respetivamente.

## Métodos

Estudar a população e o ambiente

Trata-se de um estudo prospetivo e experimental que foi realizado de janeiro de 2014 a dezembro de 2015 no Instituto Pasteur da Costa do Marfim (IPCI). As análises microscópicas e moleculares foram realizadas no laboratório nacional de tuberculose, escolhendo pacientes dos cinco centros anti-tuberculose (ATC) de Abidjan. Foram recolhidas amostras de sangue de 100 doentes com TB-MDR (50 mulheres e 50 homens com idades compreendidas entre os 18 e os 55 anos).

As amostras de sangue utilizadas no nosso estudo eram de doentes com TB-MDR que receberam tratamento de segunda linha após insucesso do tratamento de primeira linha com microscopia positiva e após confirmação por GeneXpert [13] da resistência a pelo menos dois medicamentos para a TB (isoniazida e rifampicina).

Amostragem e recolha de sangue

A amostragem foi efectuada em várias fases do acompanhamento do tratamento dos doentes, tal como descrito abaixo:

Fase M0 (100 amostras) a fase inicial após a confirmação do teste de multirresistência, tal como acima referido, e antes do início de qualquer tratamento.

A fase M3 (100 amostras) e a fase M6 (100 amostras) foram fases de acompanhamento após 3 e 6 meses de tratamento com medicamentos anti-TB de segunda linha, respetivamente.

Foram selecionadas para este estudo 300 amostras de sangue de 100 doentes com TB-MDR e 100 amostras de voluntários sem tuberculose para servirem de controlo, que vivem no mesmo ambiente, com idades compreendidas entre os 18 e os 55 anos.

O sangue em jejum foi colhido em tubos sem anticoagulantes (tubos de tampa vermelha). As amostras foram depois centrifugadas a 3000 voltas/minuto durante 5 minutos, utilizando uma centrífuga horizon 642 VES THE DRUCKER CO., EUA, e o soro recolhido em tubos Ependorf® foi armazenado a -20 °C.

## Medição do zinco e do cobre no soro

A medição do cobre e do zinco no soro foi efectuada com um espetrómetro de absorção atómica com chama de ar/acetileno (AAS) Varian modelo Spectr AA - 20 Victoria, Austrália [14].

Os tubos de sangue utilizados foram imersos numa solução de ácido nítrico ($HNO_3$) a 10% (*v/v*), após uma lavagem no dia anterior (12 h) numa solução de ácido clorídrico (HCl) a 10% (*v/v*). Em seguida, foram lavadas duas vezes com água destilada e secas. A precipitação das proteínas foi efectuada por di-luição de 1 ml de soro em 4 ml de uma solução de ácido clorídrico (2 M).

Após homogeneização de acordo com o método de Banjoko et al. [15], cada amostra foi deixada em repouso. O sobrenadante límpido obtido foi aspirado diretamente para o espetrofotómetro de absorção anatómica de chama no comprimento de onda de 324,8 nm; 213,9 nm para o cobre e o zinco, respetivamente. Para preparar a gama de calibração (0; 0,5; 1,5; 2,0; 4 ppm), utilizou-se uma solução-padrão multielemento de

1000 ppm (Merck, EUA), previamente diluída a 1/500 com água desionizada com ácido nítrico (0,03 M). As medições de concentração foram efectuadas em triplicado e ajustadas em relação ao branco (solução de HCl 2 M).

Os valores normais de referência para o cobre e o zinco no soro são, respetivamente, 11,0-22,0 gmol/L e 11,5-18,5 gmol/L [9].

## Análise estatística

Os valores médios seguidos do erro padrão da média (média ± SEM) dos dados foram efectuados utilizando o software Graph Pad Prism 5.0 (Microsoft, EUA). A análise estatística dos resultados foi efectuada através da análise de variância (ANOVA) seguida de uma comparação múltipla pelo teste de Tukey. A diferença é significativa quando o valor de $p < 0,05$. **Resultados**

Os resultados obtidos na avaliação do sangue mostraram um nível reduzido de concentração sérica de Zn na fase inicial do tratamento da TB em comparação com o controlo, $(P < 0,05)$ nos homens (3,049 ±

0,35 gmol/L) e nas mulheres (3,866 ± 0,45 gmol/L). Após 3 e 6 meses de tratamento (M3 & M6), observou-se um aumento significativo no nível sérico de Zn $(P < 0,05)$ em comparação com o estágio M0. Os valores de zinco obtidos durante o tratamento foram: homens M3 (6,35 ± 0,50 pmol/L), M6 (6,99 ± 0,37 pmol/L); mulheres M3 (5,61 ± 0,90 pmol/L), M6 (5,95 ± 0,52 gmol/L) respetivamente.

Mesmo assim, o nível de concentração de Zn permaneceu inferior aos valores normais e aos da população de controlo (Figura 1).

As concentrações de cobre no soro eram normais antes e após 6 meses de tratamento, em ambos os sexos, em comparação com os controlos (Figura 2).

Contudo, o rácio Cu/Zn, que era muito elevado na fase inicial (M0), diminuiu significativamente ($P < 0,05$) durante o tratamento de segunda linha da TB (M3 e M6). No entanto, em comparação com a população de controlo sem tuberculose, o valor do rácio permaneceu elevado ($P < 0,05$) (Quadro 1 e Figura 3).

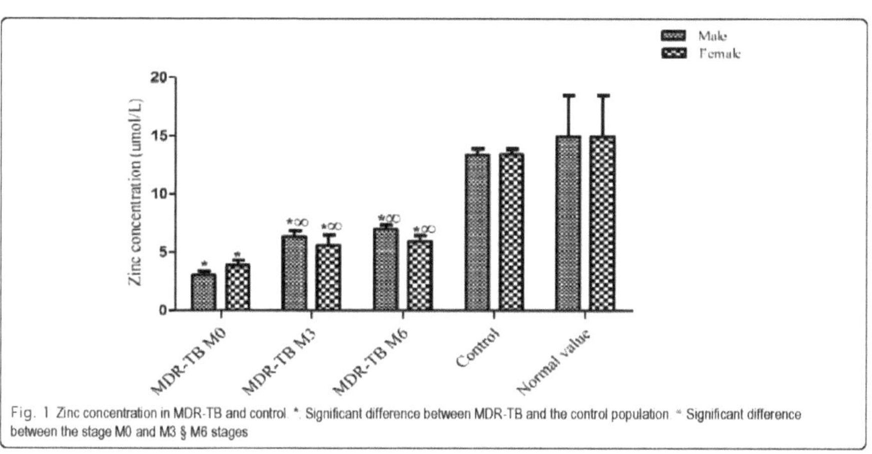


Fig. 1 Zinc concentration in MDR-TB and control. *. Significant difference between MDR-TB and the control population. * Significant difference between the stage M0 and M3 § M6 stages

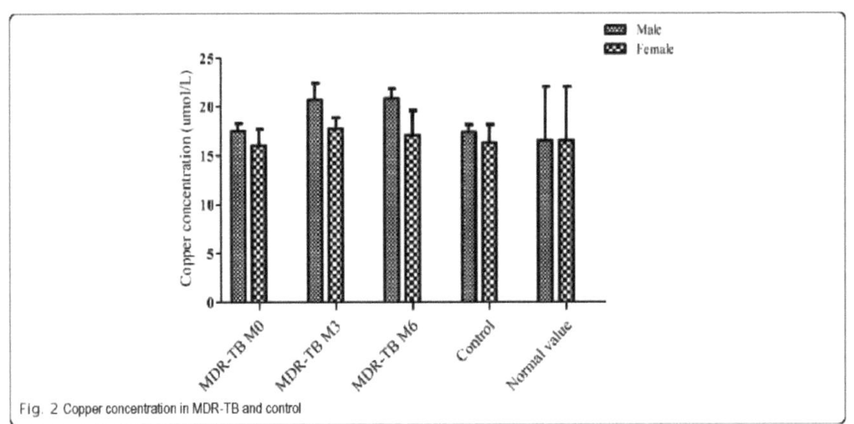

Fig. 2 Copper concentration in MDR-TB and control

Quadro 1: Valores do rácio Cu / Zn em doentes com TB-MDR em diferentes fases de monitorização

| MDR-TB Patients | Cu / Zn ratio during the treatment follow up stages | | | Control | Normal Value |
|---|---|---|---|---|---|
| | M0 | M3 | M 6 | | |
| Male | $5.71 \pm 2.0^a$ | $3.34 \pm 3.2^{ab}$ | $3.08 \pm 0.7^{ab}$ | $1.29 \pm 0.1$ | 1.14–1.29 |
| Female | $4.13 \pm 2.5^a$ | $3.26 \pm 0.7^{ab}$ | $2.93 \pm 0.6^{ab}$ | $1.21 \pm 0.1$ | |

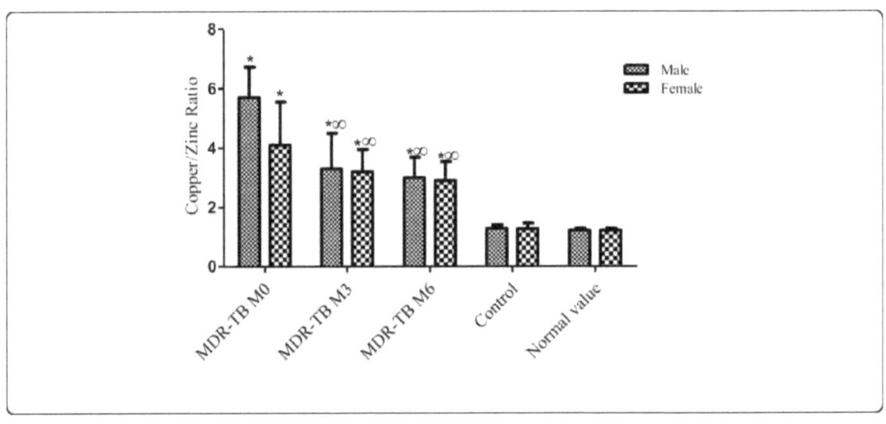

Fig. 3 Relação Cu / Zn em MDR-TB e controlo.

*: Diferença significativa entre a população com TB-MDR e a população de controlo.

Diferença significativa entre os estádios M0 e M3 § M6. TB-MDR:

Tuberculose resistente a múltiplos medicamentos. M0: Antes do tratamento. M3 e
M6: Três e seis meses após o tratamento

## Discussão

Observámos, neste estudo, uma diminuição significativa das concentrações de zinco
nos doentes com TB-MDR em comparação com a população de controlo sem
tuberculose ($P < 0,05$). Estes valores de concentração de zinco permaneceram mais
baixos apesar de um aumento significativo do valor ($P < 0,05$) durante o tratamento da
TB, comparável à fase inicial antes do tratamento. Estes resultados são consistentes
com os de Edem et al. [6, 16] que relataram uma concentração reduzida de zinco
durante a tuberculose, com um aumento destas concentrações após 4 e 6 meses de
tratamento, respetivamente. Estes autores indicaram que a menor concentração de
zinco observada em comparação com os valores normais se deveu a uma redistribuição
do fluxo de zinco noutros tecidos, incluindo o tecido hepático; isto pode ser explicado
devido a uma redução da produção hepática de a-2-macroglobulina (uma proteína
transportadora de zinco no sangue) em benefício de uma produção elevada de
metalotioneína, uma proteína que transporta o zinco para o fígado [6]. A insuficiência
de zinco nos doentes com TBMDR tem um impacto negativo no sistema imunitário.
Com efeito, a deficiência de zinco é responsável por uma alteração na função dos
macrófagos e por uma redução da produção do fator de necrose tumoral (TNF-a) e do
interferão- y (INF-y). Estas concentrações mais baixas de zinco seriam também
responsáveis pela diminuição da proliferação e diferenciação dos linfócitos T e B [17,

18]. Os factores de imunidade estariam na linha da frente no desempenho das defesas do sistema imunitário e na proteção contra a tuberculose ativa [19]. Além disso, foi referido que a suplementação com zinco e vitamina A em doentes adultos com tuberculose ativa permitiria a eliminação da *Mycobacterium*, levando assim à cura rápida destes doentes [7]. A deficiência de zinco poderia assim explicar o período mais longo de tratamento da TB de segunda linha entre os doentes com TB-MDR. Enquanto os valores normais da concentração de cobre foram observados na TB-MDR com ou sem tratamento, em comparação com a população de controlo e os valores normais. Estas concentrações normais de cobre podem ser explicadas pela não especificidade da síntese de proteínas de transporte de cobre, incluindo a ceruloplasmina [8]. No entanto, foi observada uma relação Cu / Zn muito elevada na TB-MDR em comparação com o controlo da não-tuberculose. No entanto, durante o tratamento, o rácio Cu / Zn sofreu uma redução significativa em comparação com a avaliação inicial; mas, em comparação com a população de controlo da não-tuberculose, aumentou significativamente. Os valores elevados do rácio Cu/Zn em doentes com TB ativa foram relatados no trabalho de Ceftci et al. [20]. Estes valores elevados do rácio Cu/Zn devem-se à queda das concentrações de zinco, o que significa um elevado nível de stress oxidativo nestes doentes com TB-MDR e afecta negativamente o sistema imunitário [21]. Além disso, o rácio Cu/Zn é um indicador do estado nutricional do zinco nos doentes. Um rácio Cu/Zn superior a 2 significa uma infeção bacteriana grave.

## Conclusão

Este estudo evidenciou uma redução significativa das concentrações de zinco no soro da tuberculose multirresistente na Costa do Marfim. Esta deficiência de zinco, com uma relação Cu / Zn muito acima do valor normal, é responsável pela disfunção do sistema imunitário e pelo aumento do nível de stress oxidativo. A persistência da carência de zinco, apesar de 6 meses de tratamento de segunda linha contra a tuberculose, exige a toma de um suplemento de zinco nestes doentes com tuberculose multirresistente, para além das moléculas anti-tuberculose. Esta suplementação reforçaria o sistema imunitário e restabeleceria o equilíbrio entre a produção de radicais livres e de anti-oxidantes nesta TB-MDR. Este facto aumentará a eficácia do tratamento da TB e evitará novas resistências aos medicamentos de segunda linha contra a TB.

**Ficheiro adicional**

Trabalhar para assumir a responsabilidade pública por partes apropriadas do conteúdo. Todos os autores leram e deram a aprovação final da versão a ser publicada. Interesses competitivos

Os autores declaram que não têm interesses concorrentes.

**Consentimento para publicação**

Este consentimento foi igualmente dado para a publicação dos resultados obtidos.

**Aprovação ética e consentimento para participar**

Este estudo foi aprovado pelo Comité Nacional de Ética e Investigação da Costa do Marfim (NCER). A aprovação e o consentimento informado foram obtidos dos doentes com TB-MDR e dos participantes no controlo para a utilização do seu sangue para fins de investigação.

**Nota do editor**

A Springer Nature mantém-se neutra no que diz respeito a reivindicações de jurisdição em mapas publicados e afiliações institucionais.

**Detalhes do autor**

[1]Departamento de Bioquímica Clínica e Fundamental, Instituto Pasteur da Costa do Marfim (IPCI), 01 BP 490, Abidjan 01, Costa do Marfim.

2

2Laboratório de Farmacodinâmica Bioquímica, Universidade Felixl LouphoucP-Boigny (UFHB), Abidjan 01 BP V34, Abidjan 01, Costa do Marfim.

Recebido: 15 de outubro de 2016 Aceite: 25 de março de 2017

Ficheiro adicional 1: Resultados da análise. Resultados de cobre, zinco e a razão Zn / Cu de MDR-TB e controlos com centros de inscrição (ATC), sexo e seguimento

**Abreviaturas**

AAS: Espectrómetro de absorção atómica; ATC: Centros anti-tuberculose;

Cu: Cobre; JNF-y: Interferão-y; IPCI Instituto Pasteur da Cote dlvoiie; MDR- TB: Tuberculose multirresistente; TB: Tuberculose; TNF-a: Fator de necrose tumoral alfa; Zn: Zinco

**Agradecimentos**

Queremos agradecer ao programa nacional de tuberculose por nos ter permitido estar em contacto com os doentes com TB-MDR e até falar com eles no Instituto Pasteur da Costa do Marfim. Agradecemos a todos os participantes e voluntários saudáveis que consentiram em participar no presente estudo. Não esquecemos de agradecer à diretora do Instituto Pasteur da Costa do Marfim, Prof. DOSSO Mireille, que nos forneceu a máquina de Espectrometria de Absorção Atómica e deu o seu apoio ao projeto. Gostaríamos também de agradecer à Comissão Nacional de Ética e Investigação pelos seus valiosos contributos que melhoraram as considerações éticas da proposta de projeto. Gostaríamos também de agradecer a AKO Berenger, PhD, pela sua ajuda na versão inglesa do presente manuscrito.

## Financiamento

O Instituto Pasteur da Costa do Marfim financiou este projeto de investigação.

## Disponibilidade de dados e materiais

Todos os dados gerados ou analisados durante este estudo estão incluídos neste artigo publicado [e no ficheiro adicional 1 em folha de cálculo Excel].

## Contribuição dos autores

BGA colheu sangue, concebeu e executou o aspeto técnico, BL dirigiu o aspeto técnico, MS fez a análise estatística, MGM e NR contribuíram para a redação do manuscrito, YK contribuiu para o aspeto técnico, BADP acompanhou a execução do projeto, DAJ O cérebro por detrás do projeto. Cada autor teve uma participação suficiente.

# Referências

1. Organização Mundial de Saúde. Relatório global sobre a tuberculose. Genebra, Suíça. 2015; 20ª ed. 192 p.

2. Anonyme. Programa Nacional de Luta contra a Tuberculose (PNLT), plano estratégico nacional 2012-2015 de luta contra a tuberculose; 2012. p. 65.

3. Gupta A, Kaul A, Tsolaki AG, Kishore U, Bhakta S. Mycobacterium tuberculosis: evasão imunitária, latência e reativação. Immunobiology. 2012; 217:363-74.

4. Chan T. Differences in vitamin D status and calcium intak: Possible explanation for the regional variation in the prevalence of hypocalcaemia in tuberculosis. Calc Tiss Int. 1997; 60:91-3.

5. Aouam K, Chaabane A, Loussaief C, Romdhane FB, Boughattas N-A, Chakroun M. Les effets indesirables des antituberculeux: epidemiologie, mecanismes et conduite a tenir. Med et Maladies Infect. 2007; 37:253-61.

6. Edem V.F, Ige O, Arinola, OG. Vitaminas plasmáticas e oligoelementos essenciais em doentes com tuberculose pulmonar recentemente diagnosticada e em diferentes durações da quimioterapia anti-tuberculose. Egito J Chest Dis Tuberc 2015; 64: 675-679.

7. Karyadi E, West CE, Schultink W, Nelwan RH, Gross R, Amin Z. A double-blind, placebo-controlled study of vitamin A and zinc supplementation in persons with tuberculosis in Indonesia: effects on clinical response and nutritional status. Am J

ClinNutr. 2002; 75:720-7.

8.      Kassu A, Yabutani T, Mahmud ZH, Mohammad A, Nguyen N, Huong BTM, Hailemariam G, Diro E, Ayele B, Wondmikun Y, Motonaka J, Ota F. Alterações nos níveis séricos de oligoelementos na tuberculose e nas infecções por VIH. Euro J Clinic Nutrit. 2006; 60:580-6.

9.      Mobaien A, Hajiabdolbaghi M, Jafari S, Alipouran A, Ahmadi M, Eini P, Smits HL. Concentrações séricas de zinco e cobre em doentes com brucelose. Irão. J. Clin. Infect. Dis. 2012; 5:96-100.

10.     M'boh GM, Boyvin L, Beourou S, Djaman AJ. Rácio Cu/Zn no sangue de crianças em idade escolar que vivem numa zona endémica de malária em Abidjan (Costa do Marfim). Inter J Child Health Nutri. 2012; 2:29-33.

11.     Kolia KI, M'boh GM, Bagre I, Djaman AJ. Avaliação do ferro sérico, manganês e rácio Cu/Zn no decurso da malária falciparum entre os doentes da Costa do Marfim (Cote d'Ivoire) Inter. J of Biochem Res Rev. 2014;4:527-35.

12.     Munoz C, Rios E, Olivos J, Brunser O, Olivares M. Iron, copper and immunocompetence. Br J Nutr. 2007; 98:24-8.

13.     OMS (2011). Declaração de política: Tecnologia automatizada de amplificação de ácidos nucleicos em tempo real para a deteção rápida e simultânea da tuberculose e da resistência à rifampicina: Sistema Xpert MTB/RIF", OMS, Genebra, 2011

14.     Pinta M. Espectrometria de absorção atómica. Application a l'analyse chimique.

Paris, Masson, 1980; 2 nded. P 69.

15.     Banjoko SO, Oseni FA, Togun RA, Onayemi O, Emma-Okon BO, Fakunle JB. Iron status in HIV-1 infection: implications in disease pathology. BMC Clínica. Pathology. 2012; 12: 26 - 32.

16.     Rajendra P, Irfan A, Ram ASK, Wahid A, Mahendra KG, Mohd S. Vitamin A and Zinc Alter the Immune Function in Tuberculosis. Kuwait Med. J. 2012; 44: 183-89.

17.     Anuraj HS, Ananda SP. Zinco e função imunitária: a base biológica da resistência alterada à infeção. Am. J. Clinic. Nutr. 1998; 68: 447 - 63.

18.     Wintergerst ES, Maggini S, Hornig DH. Contribuição de vitaminas e oligoelementos selecionados para a função imunitária. Ann Nutr. Metab. 2007; 51: 301 - 23.

19.     Ciftci TU, Ciftci B, Yis O, Guney Y, Bilgihan A, Ogretensoy M. Changes in serum selenium, copper, zinc levels and Cu/Zn ratio in patients with pulmonary tuberculosis during therapy. Biol. Trace Elem. Res. 2003; 95: 65 - 71.

20.     Ananda SP. Zinco: papel na imunidade, stress oxidativo e inflamação crónica. Clínica. Nutrit. and Metabolic Care, 2009; 12: 646-52

Printed by Books on Demand GmbH, Norderstedt / Germany